BEI GRIN MACHT SICH IHR WISSEN BEZAHLT

- Wir veröffentlichen Ihre Hausarbeit, Bachelor- und Masterarbeit

- Ihr eigenes eBook und Buch - weltweit in allen wichtigen Shops

- Verdienen Sie an jedem Verkauf

Jetzt bei www.GRIN.com hochladen und kostenlos publizieren

Holger Sokol

Unterrichtseinheit: Robolab - Lego Mindstorms-Roboter (8. Klasse)

GRIN Verlag

Bibliografische Information der Deutschen Nationalbibliothek:

Die Deutsche Bibliothek verzeichnet diese Publikation in der Deutschen National-
bibliografie; detaillierte bibliografische Daten sind im Internet über http://dnb.d-
nb.de/ abrufbar.

Impressum:

Copyright © 2002 GRIN Verlag GmbH
Druck und Bindung: Books on Demand GmbH, Norderstedt Germany
ISBN: 978-3-638-93003-1

Unterrichtsentwurf

"ROBOLAB"

"LEGO - MINDSTORM – ROBOTER"

SS 2002

Technik

Inhaltsverzeichnis

Unterrichtsentwurf im Fach „Technik"

1 Bedingungsanalyse (antropogene und soziokulturelle Voraussetzungen)

1.1 Angaben zur Klasse

Der Unterricht wird an der Schule durchgeführt. Die Schule ist eine Gesamtschule. Der Technikkurs hat eine Klassenstärke von 15 Schülern, davon 6 weibliche und 9 männliche Teilnehmer unterschiedlicher Nationalitäten. Für diesen Technikkurs der Jahrgangsstufe 8 ist es der Kern-Bereich.

In der Schule gibt es einen Technik - Raum im Erdgeschoss. Somit sind die Lichtverhältnisse für praktische Arbeiten ideal. Der Raum bietet Platz für bis zu 20 Schüler. Jeweils vier Schüler können an einer Tischgruppe sitzen. Da ich für meine Unterrichtsstunde keine Werkzeuge außer Scheren und Kleber benötige, werde ich in diesem Abschnitt keine werkzeugtechnische Raumbeschreibung liefern und auch nicht auf die sicherheitsrelevante Verwahrung von Werkzeugen eingehen.

Die Schüler der 8. Jahrgangsstufe sind zwischen 13 und 14 Jahre alt. Der Technikunterricht findet für diesen Kurs Dienstag in der 5. und 6. Stunde statt.

1.2 Pädagogische - psychologische Überlegungen

Da ich die Schüler nur in diesem Fach bei einer gewissen Anzahl von Unterrichtsstunden kennengelernt habe, fällt es mir schwer komplexere Schlussfolgerungen im antropol.-psychologischen (z.B. Vorwissen, Lernstand, Sozialverhalten) Bereich für die Planung meiner Unterrichtsstunde zu ziehen. Nach Rücksprache mit meinem Mentor ist anzumerken, dass das Verhalten der Klasse, insbesondere das der männlichen Beteiligten, in anderen Unterrichtsfächern nicht unproblematisch sei. Auffällig ist jedoch, dass es in dem Fach Technik der Unterricht geregelt und ohne große Störungen abläuft. Dieses resultiert wahrscheinlich u.a. aus dem technisch geprägten Interesse und Begeisterung der Schüler. Während der praktischen Arbeitsphasen arbeiten die meisten Schüler motiviert mit. Insgesamt verhält sich die Klasse im Technikunterricht unauffällig und sehr kollegial. In den Technikstunden lässt sich feststellen, dass Mädchen und Jungen häufig eine getrennte Arbeitsgruppe bilden und dann zusammenarbeiten. Dennoch ist der Umgang untereinander unproblematisch. Der Lehrer muss somit selten ermahnend tätig werden. Ein großes Problem des Technikunterrichtes sind jedoch die Fehlzeiten verschiedener Schüler. Die somit meistens nicht fertiggestellten praktischen Arbeiten sind dann in der Notenfindung problematisch.

2 Lernplanung (Didaktisch-Methodische Entscheidungsfelder)

2.1 Thema der Stunde

- Einführung in LEGO - MINDSTORM - ROBOTER - Umgebung
- Einführung und Grundlagen in die grafische Programmieroberfläche „ROBOLAB" zur selbständigen Entwicklung computergesteuerter Arbeitsabläufe

Der Unterrichtsentwurf ist auf eine Doppelstunde ausgelegt.

2.2 Curriculare Analyse

Dieser Themenschwerpunkt ist neben dem Allgemeinen Curriculum der Gesamtschule für den Bereich Technik auch im Hauscurriculum wiederzufinden. Nachzulesen ist dieses in den „Richtlinien und Lehrpläne der Sek. I, Gesamtschule, Arbeitslehre".

Der Lernbereich Arbeitslehre ist in die Fächer Technik, Wirtschaft und Hauswirtschaft unterteilt. Wie jedoch der Titel „Arbeitslehre" verdeutlicht, spielt der Bereich „Arbeit" in diesem Fächerkanon eine sehr große Rolle. So hat die Arbeitslehre die Aufgabe, den Schülern die Lebenswelt erfahrbarer und durchschaubarer zu machen und Ihnen die aktive Möglichkeit zur Gestaltung Ihrer gegenwärtigen und zukünftigen Lebenswelt zu ermöglichen.

Diese Unterrichtsstunde wird in den Bereich Steuern & Regeln eingeordnet.

Technikunterricht ist handlungsorientierter Unterricht, in dem die Schüler ganzheitlich lernen sollen.

2.3 Lerninhaltsanalyse

Die erste Doppelstunde soll sich mit dem Einstieg in das Thema „LEGO und ROBOLAB" beschäftigen. Die Schüler haben zuvor noch nicht mit diesem Thema gearbeitet. Somit ist dieses Thema noch nicht bekannt und die Schüler können kein Vorwissen aufweisen. Zu Beginn der Stunde wird ein ROBOLAB – LEGO Modell analysiert. Die Schüler sollen erklären, was sie sehen. Es werden die Funktionsweisen und Aufbau des Modells erarbeitet. Vorschläge der Schüler schreibt der Lehrer an die Tafel. Zunächst werden die Begriffe gesammelt und danach strukturiert (Sensoren, Motoren, RCX – Steuereinheit). Wichtig ist dass der Unterschied zwischen einer Fernsteuerung und einem programmierten Modul den Schüler klar wird (Zeit, Strecke). Als Beispiel für diese Unterrichtsphase wird das Marsmobil „Pathfinder" vorgestellt. An diesem Objekt können fast alle Elemente des LEGO – Modells erklärt werden. Nachdem die Funktion des Modells erklärt wurde, sollten alle Bauteile besprochen werden. Die Schüler sollen den Unterschied zwischen Hardware und Software erkennen und erklären können. Fachbegriffe wurden anhand von Folien (RCX – Modul und RCX – Modul – Display) gemeinsam erörtert und beschriftet. Somit kann jeder Schüler die Hardware richtig anwenden. Anschleißend wird mit Hilfe mehrerer vorgegebener Programme Alpha, Beta, Gamma versucht die Softwarestruktur zu erkennen. Die Schüler sollen das Programm ablaufen lassen und den Prozess und die Charakteristika formulieren. Anschließend sollten die Programmabläufe in allgemeiner „Computersprache" notiert werden. Die sprachliche Genauigkeit bzw. Präzision einer Computersprache ist zu beachten und von den Schülern mit Hilfe des Arbeitsblattes herauszufinden. In der letzten Phase sollen die Schüler das formulierte Computerprogramm mit Hilfe der grafischen Symbole von ROBOLAB nachvollziehen. So wird der Umgang mit den grafischen Symbolen erlernt und vertieft.

In der nächsten Doppelstunde sollen die Schüler dann vorgegebene Bewegungen der Modelle selber programmieren.

2.4   Lernzielanalyse

Die Schüler sollen in den folgenden Bereichen gefördert werden.

Diese Bereiche werden als Lernziele ausgewiesen:

a) Fachkompetenz

b) Methodenkompetenz

c) Sozialkompetenz

d) Individualkompetenz

Bezogen auf die *Fachkompetenz* sollen die Schüler lernen:

- Fachbegriffe kennen und verwenden können
- Logische Strukturen erkennen und entwickeln
- Unterschied zwischen kryptischen und grafischen Programmiersprachen kennenlernen
- LEGO – Modelle selber programmieren können

Bezogen auf die *Methodenkompetenz* sollen die Schüler lernen:

- Die Arbeitsorganisation in der Kleingruppe selbständig vornehmen
- Anschaulich Präsentation der Arbeitsergebnisse (OHP)

Bezogen auf die *Sozialkompetenz* sollen die Schüler lernen:

- sich in die Gruppe integrieren können
- kooperativ arbeiten
- die Leistungen der anderen Arbeitsgruppen würdigen
- Mitverantwortung für die erzielten Ergebnisse tragen
- Kritik formulieren können

Kritik ertragen können – Ausreden lassen

Bezogen auf die *Individualkompetenz* sollen die Schüler lernen:

- Problemfelder beobachten und beschreiben
- Präzise Formulierungen und Aussagen treffen
- Entscheidungen über den Prozessablauf eines Computerprogramms tätigen
- Sich als Bestandteil der Gruppe erkennen („Teilnehmer")
- Ihr Vorgehen weitgehend autonom steuern

2.5   Methodische Analyse

2.5.1   Didaktisch-Methodische Verlaufsstruktur

Verlauf der ersten Doppelstunde:

Das oben genannte Thema ist für die Schüler neu und wurde vorab in der letzten Stunde nicht bekannt gegeben. Als Einstieg in den Unterricht ist eine Präsentation eines ferngesteuerten und programmierten LEGO – MINDSTORM – Roboters gedacht. Die Schüler werden erstaunt über die Konstruktion und Funktionsweise sein. Nun kann der Lehrer nach wichtigen

Merkmalen des Modell-Autos fragen. Die Schüler können spontan antworten und sich weitere Gedanken machen. Der Lehrer sammelt die Begrifflichkeiten an der Tafel. Sollten in dem Unterrichtsgespräch die wichtigsten Elemente erkannt worden sein, werden die Begriffe strukturiert, um eine bessere Übersicht der Inhalte zu erlangen. Aufgabe der Schüler wird es sein in diesem Gespräch unter anderem auch die Vor- und Nachteile dieses Modell – Autos zu nennen. In diesem Zusammenhang soll auch der Unterschied zwischen „Fernsteuerung" und „Programmablauf" deutlich werden.

Anschließend formuliert der Lehrer eine Frage, in der ein Zusammenhang zum täglichen Leben beantwortet werden soll. Aufgabe der Schüler ist es Beispiele für ein solches Modell-Auto in abgewandelter Form zu finden. Verschiedene Beispiele werden an der Tafel gesammelt. Dann werden die Beispiele der Schüler gemeinsam erläutert und überprüft. Nicht zutreffende Beispiele müssen eingeklammert werden. Es folgt ein kleiner Vortrag über das gängigste Beispiel „Marssonde Pathfinder" in einem Lehrervortrag. Dieser Frontalunterricht ist kurz gehalten. Es ist wichtig das Gespräch mit den Schülern trotz Informationsvermittlung aufrecht zu halten. Inhaltliche Rückfragen der Schüler beantwortet der Lehrer oder gibt sie als Überlegung in die Klasse weiter.

Im weiteren Verlauf muss der Lehrer mit den Schülern die offensichtlichen sichtbaren und nicht sichtbaren Bestandteile des Modell-Autos (Hardware, Software) besprechen. Mit Hilfe der Arbeitsblättern „RCX Modul" und „RCX Modul Display" werden die guten Lösungen der Hardware-Komponenten auf eine Folie präsentiert und festgehalten.

Sobald alle Hardware – Komponenten besprochen wurden, fragt der Lehrer die Schüler gezielt nach einer weiteren Bedingung für das „Funktionieren des Modell-Autos". Die Software wird von den Schüler als Lösungsvorschlag genannt. Nun wird mit Hilfe der Arbeitsblätter ALPHA, BETA, GAMMA die RCX Software von den Schülern erarbeitet. Die Schüler müssen durch Beobachtung und Formulierung in der Umgangssprache den Ablauf des Modell-Auto-Programms beschreiben. Dann soll das Programm in der präzisen „Computersprache" formuliert werden. Und letztlich ist dieses Computersprachen – Programm in die grafische Programmieroberfläche ROBOLAB zu transferieren. Alle Arbeitsblattunterpunkte werden separat gelöst und besprochen. Alle Ergebnisse werden auf der Folie und den Arbeitsblättern notiert.

2.5.2 Strukturgitter der ersten Doppelstunde

Zeit	Unterrichtsphase	Unterrichtsschritte	Unterrichtsform	Medien
5 Min	Organisation	Begrüßung; Präsentation des Modell – Autos	L-S-Gespräch	
10 Min.	Einstieg in die Arbeitsweise des Modells	Funktionsprinzip, Fernsteuerung? Programmablauf? Vorteile, Nachteile, Transfer zur Wirklichkeit	L-S-Gespräch	Tafel, Folien
5	Ausführung	RCX Hardware: Modul	Gruppenarbeit	Arbeitsblatt
5	Ausführung	RCX Hardware: Display	Gruppenarbeit	Arbeitsblatt
25	Ausführung	RCX Software: Alpha	Gruppenarbeit	Arbeitsblatt
20	Ausführung	RCX Software: Beta	Gruppenarbeit	Arbeitsblatt
15	Ausführung	RCX Software: Gamma	Gruppenarbeit	Arbeitsblatt
5	Auswertung	Zusammenfassung	L-S-Gespräch	Tafel

2.6 Mediale Analyse

2.6.1 Anschauungs- und Lernmittel

Als Hauptanschauungsmittel ist das LEGO – Modell anzusehen.

Des weiteren werden mit Hilfe des Overhead-Projektors und verschiedenen Arbeitsblättern und Folien die Hauptelemente erarbeitet, vorgestellt und gekennzeichnet.

Die Tafel wird als Gedankenstütze verwendet.

Eine Zusammenfassung ergibt:

- 3x RCX Module mit jeweiligen Bauelementen (Motor, Taster, Kabel)
- Tafel
- Arbeitsblätter

  (RCX – Modul, RCX – Modul – Display, Alpha, Beta, Gamma)
- OHP
- Folien (wie Arbeitsblätter evt. Lösungsfolie)

- Folienstifte

2.6.2 <u>Arbeitsmittel</u>

Schreibutensilien und Hefte bringen die Schüler mit.

Folienstifte und Folien werden bei Bedarf vom Lehrer organisiert.

Scheren und Kleber bekommen die Schüler gestellt.

3 Begründung zentraler didaktisch-methodischer Entscheidungen

3.1 Thematischer Zusammenhang

Das Thema dieser Unterrichtstunde als Teil einer „Messen, Steuern & Regeln" -Reihe hätte auch mit einer herkömmlichen Ampelschaltung - wie es an den meisten Schulen verwendet wird – praktisch veranschaulicht werden können. Problematisch ist hierbei der Aufbau der Schaltung. Da die Schüler meistens die Schaltung selber herstellen, ist eine optimale Funktionsweise nicht gewährleistet.

Außerdem müssen dann genügend Bausätze für diese Schaltungen vorhanden sein. Dieses ist ein erheblicher Kostenfaktor. Zusätzlich stehen mir für dieses Gesamtkonzept nur zwei Unterrichtsdoppelstunden zur Verfügung. Somit ist die Verwendung der LEGO – Bausätze eine zeit- und kostenoptimierende Verfahrensweise.

3.2 Intention und Unterrichtsziele

Insgesamt sollen sich die Schüler mit Technologien, die zwar im Alltag vorkommen aber nicht alltäglich sind, näher befassen und verstehen. Wahrscheinlich ist nicht für jeden Schüler von Anfang an ersichtlich, dass die Messen, Steuern & Regeln – Elemente bzw. Bauteile sehr alltäglich sind und in Verwendung von Computern und Mikroprozessoren in unserem täglichen Leben unscheinbar integriert sind. Diese Unterrichtsstunde soll den Schülern helfen nicht immer – auf den ersten Blick - komplexe Prozesse zu erklären und näher zu bringen, also „durchschaubarer" zu gestalten.

3.3 Didaktische Reduktion (Optimale Passung)

In dieser Unterrichtsstunde wird ein Computerprogramm verwendet, dass verschiedene Schwierigkeitsstufen zur Programmierung von Modellen enthält. So kann der Lehrer den Anforderungsgrad festlegen. Beim Aufbau der Modelle handelt es sich um einfach konzipierte Modelle, auf Grund der Tatsache, dass die Schüler in dem Technikunterricht noch nicht mit den Arbeitsmaterialen gearbeitet haben.

3.4 Interaktionsstruktur und Medien

Da sich die Unterrichtsstunde aus theoretischen und praktischen Elementen zusammensetzt, werden verschiedene Sozialformen verwendet.

Gruppenarbeit und Unterrichtsgespräch werden im Wechsel stattfinden. Der Schwerpunkt ist jedoch die Gruppenarbeit. Fünf Schüler sollen sich jeweils an einem Tisch zusammenfinden und in Schüler-Schüler-Gesprächen die Problemstellungen analysieren und diskutieren. Der Lehrer hat dann die Funktion eines Beobachters. Benötigte Informationen hat der Lehrer zuvor in Arbeitsblättern vorbereitet und an die Schüler verteilt. Als Einstieg in die Stunde werden alle Punkte in einem Lehrer – Schüler - Unterrichtsgespräch herausgearbeitet. Der Lehrer kann durch gezielte Fragestellung inhaltliche Schwerpunkte verdeutlichen. Bevor er erklärend tätig wird, können die Schüler aktiv am Unterricht teilnehmen und ihre Meinung äußern. Alle Ergebnisse werden schließlich in einem Lehrer-Schüler-Gespräch auf dem OHP und Arbeitsblättern festgehalten und verschriftlicht.

4 Reflexion der getroffenen didaktisch-methodischen Entscheidungen

4.1 Intention und Unterrichtsziele

Leider wurde in dieser Doppelstunde nur ein Teil der Ziele verwirklicht. In dieser Doppelstunde konnten die Schüler die Programmsymbole nicht mehr kennenlernen und mit Ihnen arbeiten.

4.2 Interaktionsstruktur und Medien

Es ist nicht einfach beide Medien OHP und Tafel gleichzeitig in den Unterricht zu integrieren. Der Lehrer sollte auf eine lesbare Tafelschrift achten. Bei der Entwicklung der Arbeitsblätter wäre eine kurze eindeutigere Arbeitsaufgabe zu formulieren gewesen.

4.3 Didaktische Reduktion

Leider konnten die Schüler die ROBOLAB – Programme aus zeitlichen Gründen in dieser Doppelstunde nicht ausprobieren, so dass eine Bewertung der Reduktion sich nur auf die Arbeitsblätter und den Inhalt der Doppelstunde beziehen kann. Ich denke fachlich gesehen, konnten die Schüler anhand der Medien – sowohl die Arbeitsblätter als auch die Präsentation „ Marsmobil Pathfinder" – das Thema nachvollziehen.

5 Anhang / Unterrichtsmaterialien

Die Unterrichtsmaterialien für den eigenen Unterrichtsbesuch sind angeheftet.

6 Literaturverzeichnis

- Bernd Ott, Grundlagen des beruflichen Lernens und Lehrens, Cornelsen, 2000
- H.Kretschmer, J.Stary, Schulpraktikum – Eine Orientierungshilfe zum Lernen und Lehren, Cornelsen, 1998
- Knudsen, Das inoffizielle Handbuch für LEGO – Mindstorms Roboter, O'Reilly, 2000
- Louis, LEGO Mindstorms, X-Gamres, 1999

Arbeitsblatt „GAMMA"

1. *Beobachte das Programm 5.*
   Was passiert nachdem Du das Programm gestartet hast?

   ____

   ____

   ____

   ____

   ____

2. *Hast Du eine Idee wie das Programm 5 in der „Computersprache" aussehen könnte?*
   Mache einen Versuch:

   ____

   ____

   ____

   ____

   ____

   ____

3. *Trage hier die Befehlsblöcke des Programms ein:*

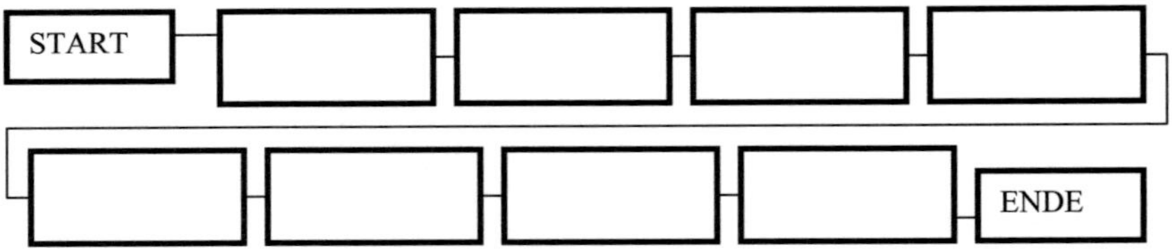

START				

				ENDE

4. *Schneide die Programmsymbole aus und klebe sie hier so ein, dass ein richtiges*
   Programm in „ROBOLAB" entsteht:

5. *Beobachte das Programm 3.*
   Was passiert nachdem Du das Programm gestartet hast?

6. *Hast Du eine Idee wie das Programm 3 in der „Computersprache" aussehen könnte?*
   Mache einen Versuch:

7. *Trage hier die Befehlsblöcke des Programms ein:*

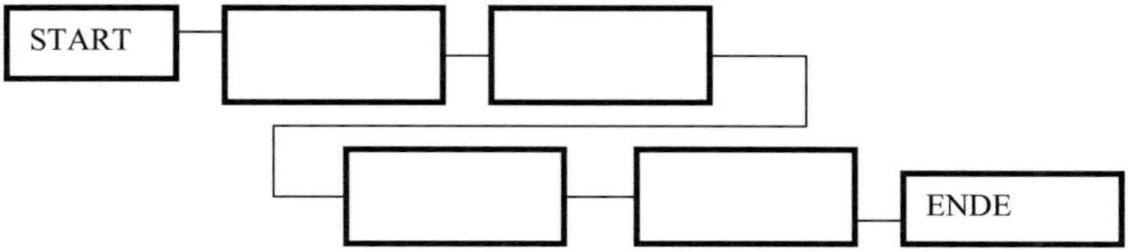

```
START ── [        ] ── [        ]
              ┌──────────────────────┘
              [        ] ── [        ] ── ENDE
```

8. *Schneide die Programmsymbole aus und klebe sie hier so ein, dass ein richtiges*
   Programm in „ROBOLAB" entsteht:

9. *Beobachte das Programm 4.*
    Was passiert nachdem Du das Programm gestartet hast?

____

____

____

____

____

____

10. *Hast Du eine Idee wie das Programm 4 in der „Computersprache" aussehen könnte?*
    Mache einen Versuch:

____

____

____

____

____

____

____

11. *Trage hier die Befehlsblöcke des Programms ein:*

START				

				ENDE

12. *Schneide die Programmsymbole aus und klebe sie hier so ein, dass ein richtiges*
    Programm in „ROBOLAB" entsteht: